BEI GRIN MACHT SICH IHR WISSEN BEZAHLT

- Wir veröffentlichen Ihre Hausarbeit, Bachelor- und Masterarbeit

- Ihr eigenes eBook und Buch - weltweit in allen wichtigen Shops

- Verdienen Sie an jedem Verkauf

Jetzt bei www.GRIN.com hochladen und kostenlos publizieren

Sibylle Weiss

Aus der Reihe: e-fellows.net stipendiaten-wissen

e-fellows.net (Hrsg.)

Band 1133

Multiple lineare Regression - Theorie und Beispiel

GRIN Verlag

Bibliografische Information der Deutschen Nationalbibliothek:

Die Deutsche Bibliothek verzeichnet diese Publikation in der Deutschen National-
bibliografie; detaillierte bibliografische Daten sind im Internet über http://dnb.d-
nb.de/ abrufbar.

Impressum:

Copyright © 2015 GRIN Verlag GmbH
Druck und Bindung: Books on Demand GmbH, Norderstedt Germany
ISBN: 978-3-656-90358-1

Dieses Buch bei GRIN:

http://www.grin.com/de/e-book/292971/multiple-lineare-regression-theorie-und-
beispiel

GRIN - Your knowledge has value

Der GRIN Verlag publiziert seit 1998 wissenschaftliche Arbeiten von Studenten, Hochschullehrern und anderen Akademikern als eBook und gedrucktes Buch. Die Verlagswebsite www.grin.com ist die ideale Plattform zur Veröffentlichung von Hausarbeiten, Abschlussarbeiten, wissenschaftlichen Aufsätzen, Dissertationen und Fachbüchern.

Besuchen Sie uns im Internet:

http://www.grin.com/

http://www.facebook.com/grincom

http://www.twitter.com/grin_com

Multiple lineare Regression

Sibylle Weiss

12.Januar 2015

Inhaltsverzeichnis

1 Einleitung

Wenn danach gefragt wird, ob eine ausgewogene Ernährung das Herzinfarktrisiko reduziert, Führungskräfte überdurchschnittlich gut aussehen oder Kinder aus zerrütteten Familienverhältnissen häufiger zur Flasche greifen als andere, dann kann im Rahmen der Beantwortung dieser Frage eine Regressionsanalyse nützlich sein. Die Regressionsanalyse modelliert Zusammenhänge zwischen einer abhängigen Variable (aV) und einer (einfache Regressionsanalyse) oder mehreren (multiple Regressionsanalyse) unabhängigen Variablen (uV). Ein solches Modell wird auch häufig dafür verwendet, Vorhersagen über die Werte einer abhängigen Variable auf Grundlage der Werte der unabhängigen Variablen zu treffen oder um die Intensität der Beziehung zwischen den Variablen zu identifizieren. Wie auch bei der Korrelationsrechnung bedeutet ein Zusammenhang zwischen abhängiger und unabhängigen Variablen bei der Regressionsanalyse nicht gleichzeitig eine Kausalität. Im Rahmen der Regression wird zwar gegebenenfalls vor Beginn der Rechnung eine Kausalitätsvermutung aufgestellt; ob die unabhängige Variable allerdings als Ursache tatsächlich vor der Wirkung (auf die abhängige Variable) steht, kann lediglich schlüssig argumentiert werden. Stellt sich die Regressionsgleichung als geeigneter Schätzer für die abhängige Variable heraus, so bedeutet das nur, dass mithilfe der unabhängigen Variablen die abhängige Variable hinreichend gut geschätzt werden kann. Eine Form der multiplen Regression ist die multiple lineare Regression, auf deren Theorie im Folgenden kurz eingegangen und die anschließend an einem Beispiel demonstriert wird. Die Herleitung der multiplen Regression folgt einer Vorlesungsmitschrift im Fach Statistik II an der ITÜ Istanbul[1], ergänzt um eigene Recherchen und Erichson et. al, 2010[2].

2 Theorie

Eine Frage, die mithilfe der multiplen Regression gelöst werden könnte, wäre z.b., ob bzw. wie und wie stark das Bruttoinlandsprodukt pro Einwohner (uV), die Zahl der Küstenkilometer (uV) eines Landes und dessen Menge der Treibhausgasemission (uV), die Anzahl der Arztbesuche (aV) der Bevölkerung dieses Landes beeinflusst.[1] Im Rahmen der linearen multiplen Regression gilt es nun die Beziehung zwischen den Variablen mithilfe einer linearen mathematischen Funktion zu formulieren. Durch das Einsetzen der unabhängigen Variablen in die aufgestellte Funktion (Regressionsgerade) und Lösen einer Optimierungsaufgabe[2], können die Parameter ermittelt und die abhängige Variable vorhergesagt (geschätzt) werden. In einem weiteren Schritt kann die Güte dieser Vorhersagen identifiziert werden. Die vorherzusagende, abhängige Variable wird im Rahmen der multiplen Regressionsanalyse als Kriterium[3] bezeichnet. Die erklärenden, unabhän-

---

[1]Hier wurde eine Vermutung über den kausalen Zusammenhang zwischen der abhängigen Variable 'Anzahl der Arztbesuche' und den unabhängigen Variablen BIP, Küstenkilometer und Treibhausgasemission angestellt.
[2]Minimierung der quadrierten Residuen.
[3]Das Kriterium wird auch als Regressand oder Response bezeichnet.

gigen Variablen werden Prädiktoren[4] genannt. Mathematisch kann der Zusammenhang zwischen Kriterium (y) und Prädiktoren (x), der bei der multiplen linearen Regression angenommen wird, mit der linearen Funktion $y = \beta_0 + \beta_1 x_1 + \cdots + \beta_m x_m$ dargestellt werden. Die multiple lineare Modellgleichung ist dann entsprechend

$$y_i = \beta_0 + \beta_1 x_{i1} + \beta_2 x_{i2} + \cdots + \beta_m x_{im} + \epsilon_i \tag{1}$$

Bzw.

$$\epsilon_i = y_i - (\beta_0 + \beta_1 x_{i1} + \beta_2 x_{i2} + \cdots + \beta_m x_{im}) = y_i - \hat{y}_i \tag{2}$$

Wobei $i = 1, \ldots, n$ und die Störgröße $\epsilon_i \sim N(0, \sigma^2)$. In Matrixschreibweise ist

$$y = X\beta + \epsilon \tag{3}$$

mit den Dimensionen

$$n \times 1 = [n \times (m+1)][(m+1) \times 1] + n \times 1$$

bzw.

$$\begin{pmatrix} y_1 \\ y_2 \\ \vdots \\ y_n \end{pmatrix} = \begin{pmatrix} 1 \\ 1 \\ \vdots \\ 1 \end{pmatrix} \beta_0 + \begin{pmatrix} x_{11} \\ x_{21} \\ \vdots \\ x_{n1} \end{pmatrix} \beta_1 + \begin{pmatrix} x_{12} \\ x_{22} \\ \vdots \\ x_{n2} \end{pmatrix} \beta_2 + \cdots + \begin{pmatrix} x_{1m} \\ x_{2m} \\ \vdots \\ x_{nm} \end{pmatrix} \beta_m + \begin{pmatrix} \epsilon_1 \\ \epsilon_2 \\ \vdots \\ \epsilon_n \end{pmatrix}$$

$$\begin{pmatrix} y_1 \\ y_2 \\ \vdots \\ y_n \end{pmatrix} = \begin{pmatrix} 1 & x_{11} & x_{12} & \cdots & x_{1m} \\ 1 & x_{21} & x_{22} & \cdots & x_{2m} \\ \vdots & \vdots & \vdots & \ddots & \vdots \\ 1 & x_{n1} & x_{n2} & \cdots & x_{nm} \end{pmatrix} \begin{pmatrix} \beta_0 \\ \beta_1 \\ \beta_2 \\ \vdots \\ \beta_m \end{pmatrix} + \begin{pmatrix} \epsilon_1 \\ \epsilon_2 \\ \vdots \\ \epsilon_n \end{pmatrix}$$

Mit $y = X\beta + \epsilon$ bzw. $\epsilon = y_i - \hat{y}_i$ gilt für die Schätzwerte des Kriteriums

$$\hat{y} = X\hat{\beta} \tag{4}$$

Die Beta-Werte, bei denen die beobachteten Kriteriumswerte y_i möglichst gering von den vorhergesagten Werten $\hat{y}_i$ abweichen, können mit der Methode der kleinsten Quadrate ermittelt werden. Dabei werden die Parameter der Regressionsgleichung so gewählt, dass die Quadratsumme des Schätzfehlers (Residuum) QS_ϵ minimiert wird

$$QS_\epsilon = \sum_{i=1}^{n} (y_i - \hat{y}_i)^2 = \sum_{i=1}^{n} \epsilon^2 \longrightarrow min \tag{5}$$

In Matrixschreibweise und durch Einsetzen von Formel 4 in Formel 5 erhält man als Minimierungsproblem

$$\hat{e}^T \hat{e} = (y - \hat{y})^T (y - \hat{y}) = (y - X\hat{\beta})^T (y - X\hat{\beta}) \longrightarrow min \tag{6}$$

---

[4]Die Prädiktoren werden auch als Regressoren bzw. Faktoren oder Kovariaten bezeichnet.

Durch Umformung der Quadratsumme der Residuen erhält man[5]

$$(y - X\hat{\beta})^T (y - X\hat{\beta})$$
$$= (y^T - \hat{\beta}^T X^T)(y - X\hat{\beta})$$
$$= y^T y - y^T X\hat{\beta} - \hat{\beta}^T X^T y + \hat{\beta}^T X^T X\hat{\beta}$$
$$= y^T y - 2\hat{\beta}^T X^T y + \hat{\beta}^T X^T X\hat{\beta}$$

Um die Quadratsumme der Residuen zu minimieren, werden die partiellen Ableitungen der Quadratsumme nach den einzelnen Regressionsparametern gleich Null gesetzt. Also[6]

$$\frac{\delta(y^T y - 2\hat{\beta}^T X^T y + \hat{\beta}^T X^T X\hat{\beta})}{\delta\hat{\beta}} = -2X^T y + 2X^T X\hat{\beta} \overset{!}{=} 0 \qquad (7)$$

und damit

$$X^T X\hat{\beta} = X^T y \qquad (8)$$

bzw. nach linksseitiger Multiplikation mit $(X^T X)^{-1}$

$$\hat{\beta} = (X^T X)^{-1} X^T y \qquad (9)$$

Ein Kennwert der multiplen Regressionsanalyse ist der multiple Korrelationskoeffizient R. Dieser repräsentiert die Korrelation zwischen Kriterium und allen Prädiktoren.[7]Er berechnet sich folgendermaßen[8]

$$R_{y,x_1,x_2,...,x_m} = \sqrt{\sum_{j=1}^{m} \beta_j r_{x_j y}} \qquad (10)$$

Ein weiterer Kennwert der multiplen Regression ist der Determinationskoeffizient (Bestimmtheitsmaß) R^2. Das Bestimmtheitsmaß ist ein Maß dafür, wie stark sich der durchschnittliche quadratische Vorhersagefehler reduziert, wenn man anstatt des arithmetischen Mittels der beobachteten Kriterien[9] die Regressionsgerade als Schätzer verwendet. Der Determinationskoeffizient repräsentiert also die Varianzaufklärung der Prädiktoren

---

[5]Im letzten Schritt wird das Ergebnis von $y^T X\hat{\beta}$ und $\hat{\beta}^T X^T y$ zu $2\hat{\beta}^T X^T y$ zusammengefasst. Dies ist möglich, weil es sich bei dem Ergebnis beider Terme um Skalare handelt, weshalb $y^T X\hat{\beta} = (y^T X\hat{\beta})^T$. Mit Anwendung der Rechenregeln für das Transponieren wird aus $(y^T X\hat{\beta})^T$ dann $\hat{\beta}^T X^T y$.

[6]Denn $\frac{\delta\hat{\beta}^T X^T y}{\delta\hat{\beta}} = X^T y$ und $\frac{\delta\hat{\beta}^T X^T X\hat{\beta}}{\delta\hat{\beta}} = 2X^T X\hat{\beta}$. Wobei letzteres eine Vereinfachung ist, die möglich ist, weil $X^T X$ symmetrisch ist: generell ist $\frac{\delta x^T A x}{\delta x} = (A + A^T)x$. Für symmetrische A gilt $\frac{\delta x^T A x}{\delta x} = 2Ax = 2A^T x$.

[7]Interkorrelationen zwischen den einzelnen Prädiktoren werden dabei identifiziert und herausgerechnet, sodass nur die Prädiktoreffekte auf das Kriterium berücksichtigt werden.

[8]Der multiple Korrelationskoeffizient entspricht dem Korrelationskoeffizient zwischen den beobachteten und den vorhergesagten Kriteriumswerten.

[9]Das arithmetische Mittel der vorhandenen Kriteriumswerte ist im Rahmen der Methode der kleinsten Quadrate der bestmögliche Schätzer für den Fall, dass keine Prädiktorwerte existieren.

4

am Kriterium. Mathematisch

$$R^2 = \frac{erkl\ddot{a}rteStreuung}{gesamteStreuung} = 1 - \frac{unerkl\ddot{a}rteStreuung}{gesamteStreuung}$$
$$= \frac{\sum_{i=1}^{n}(\hat{y}_i - \bar{y})^2}{\sum_{i=1}^{n}(y_i - \bar{y})^2} = 1 - \frac{\sum_{i=1}^{n}(y_i - \hat{y}_i)^2}{\sum_{i=1}^{n}(y_i - \bar{y})^2}$$
$$= \frac{var(\hat{y})}{var(y)} = 1 - \frac{var(\epsilon)}{var(y)}$$

Daneben existiert ein korrigiertes Bestimmtheitsmaß, welches eine um die Anzahl der Prädiktoren bereinigte Aussage trifft; dieses korrigiert bei der Schätzung der Varianzen um die entsprechenden Freiheitsgrade und nutzt daher $n - p - 1$ statt der Fallzahl n im Zähler sowie $n - 1$ statt n im Nenner.

3 Beispiel

Mithilfe der multiplen linearen Regression soll geklärt werden, ob die Anzahl der Küstenkilometer eines Landes ein starker Prädiktor für die durchschnittliche Anzahl der Arztbesuche pro Kopf dieses Landes ist. In die Rechnung miteinbezogen werden außerdem die Treibhausgasemission und das Bruttoinlandsprodukt pro Kopf des Landes. Im Folgenden gilt:

X1 - Küsten-km[3]

X2 - BIP pro Kopf in Euro, Wert in 2011[4]

X3 - Treibhausgasemission, Indikator (Basisjahr 1990 = 100), Wert in 2011[4]

Y - Durchschnittliche Anzahl der Arztbesuche pro Kopf, Wert in 2011[5]

Die gesamte Schätzung wurde in R mittels eingebauter Prozeduren sowie zur Veranschaulichung der Formeln des vorigen Teils zusätzlich manuell mittels Matrixoperationen durchgeführt (vgl. Anhang). Für die Beta-Werte und deren Standardabweichungen ergeben sich:

$$\hat{\beta}_0 = 5,864$$
$$\hat{\beta}_1 = 8,212 \times 10^{-6}$$
$$\hat{\beta}_2 = -4,907 \times 10^{-5}$$
$$\hat{\beta}_3 = 1,226 \times 10^{-2}$$

$$\sigma_{\beta_0} = 1,580$$
$$\sigma_{\beta_1} = 6,918 \times 10^{-5}$$
$$\sigma_{\beta_2} = 3,195 \times 10^{-5}$$
$$\sigma_{\beta_3} = 1,530 \times 10^{-2}$$

Für die Betas ergeben sich mit Ausnahme des BIP pro Kopf je Ergebnisse mit ökonomisch plausiblem Vorzeichen. Beim BIP pro Kopf würde man erwarten, dass höhere Wirtschaftskraft zu besserer Gesundheitsversorgung und mehr Arztbesuchen führt. Das negative Vorzeichen von β_2 signalisiert aber das Gegenteil. Vielleicht leben die Leute aber auch gesünder weil sie sich durch ein erhöhtes BIP frischere Lebensmittel etc. leisten können und gehen daher weniger oft zum Arzt, dann wäre auch hier das Ergebnis plausibel. Für die Arztbesuche könnte man argumentieren, dass mehr Küstenkilometer ein raueres Klima und damit mehr Krankheit und Arztbesuche bedeuten. Genauso gut könnte man argumentieren, dass mehr Küstenkilometer mehr Meer bedeutet und Menschen am Meer glücklicher sind oder mehr Fisch essen und dadurch weniger oft krank werden und weniger oft zum Arzt gehen, dann könnte man auch hier von nicht plausiblen Ergebnissen sprechen. Ob die unabhängigen Variablen gute Prädiktoren für die Anzahl der Arztbesuche sind oder ob die Regressionskoeffizienten der Stichprobe nur zufällig ungleich null sind, lässt sich mit einem Hypothesentest beurteilen. Das ist gerade daher sehr wichtig, da für die Betas aufgrund der betragsgroßen Werte der Prädiktoren, wie z.B. der Küstenkilometer, eher sehr niedrige Werte nahe dem Wert 0 erwartet werden;[10] ein niedriger Wert muss jedoch nicht automatisch bedeuten, dass die Variable insignifikant[11] ist. Die Nullhypothese in diesem Fall wäre also $\beta = 0$. Da die Standardabweichung der Grundgesamtheit der Betas unbekannt ist, wird für die Betas eine t-Verteilung angenommen. Die Teststatistik ist dann generell: $t = \frac{x-\mu}{\sigma}$ bzw. in unserem Beispiel $t = \frac{\hat{\beta}-\beta}{\sigma_{\hat{\beta}}}$. Mit der Annahme das $\beta = 0$ und der empirisch geschätzten Standardabweichung des Schätzwerts erhält man $t = \frac{\hat{\beta}-0}{\sigma_{\hat{\beta}}}$. Würde die Nullhypothese stimmen, so würde man einen Wert für die Teststatistik nicht weit entfernt von 0 erwarten. Die t-Werte und entsprechenden p-Werte wurden auch mit R berechnet und lauten:

$$t_{\hat{\beta}_0} = 3,711$$

$$t_{\hat{\beta}_1} = 0,119$$

$$t_{\hat{\beta}_2} = -1,536$$

$$t_{\hat{\beta}_3} = 0,801$$

---

[10]Selbst wenn das Meer z.B. etwas für die Gesundheit bringt, so sind die Auswirkungen eines einzigen Küstenkilometers wahrscheinlich recht klein: vielleicht pro 100km oder sogar pro 500km könnte es 1-2 Arztbesuche weniger geben, aber nur 1 Kilometer mehr oder weniger, das sollte fast keinen Effekt haben: also wird für das Beta für die Küstenkilometer ein sehr kleiner Wert erwartet.

[11]Ob der sehr kleine Wert für das Beta statistisch signifikant ist, also die Wirkung des Meers „bewiesen" werden kann, hängt von der Schätzunsicherheit ab. Bei sehr hoher Sicherheit kann auch ein sehr kleiner Wert nahe 0 sehr signifikant sein. Den Test darauf, ob der Wert eher zufällig oder nicht nahe bei 0 liegt, wird an dieser Stelle gemacht.

Die Wahrscheinlichkeit vom Betrag der Werte obige oder noch extremere (d.h. größere) t-Werte zu beobachten, lässt sich an den p-Werten ablesen:

$$Pr(> |t_{\hat{\beta}_0}|) = 0,00261$$
$$Pr(> |t_{\hat{\beta}_1}|) = 0,90733$$
$$Pr(> |t_{\hat{\beta}_2}|) = 0,14853$$
$$Pr(> |t_{\hat{\beta}_3}|) = 0,43749$$

Die t-Werte sind bis auf den t-Wert für die Konstante relativ gering. Der p-Wert, der angibt, wie hoch die Wahrscheinlichkeit eines solchen oder extremeren t-Wertes ist, ist bis auf denjenigen für die Konstante groß. Unter der Annahme, dass die Küstenkilometer, das BIP pro Kopf bzw. die Treibhausgasemissionen keinen Einfluss auf die Arztbesuche pro Kopf haben (jeweilige Nullhypothese: $\beta = 0$), ist es also sehr wahrscheinlich je die individuellen t-Werte zu beobachten. Die niedrigste Wahrscheinlichkeit für ein rein zufällig von 0 abweichendes Schätzergebnis liegt mit p-Wert von 0,14853 ausgerechnet für das ökonomisch nicht plausible, negative β_2 für den somit stärksten Regressor X2 (BIP pro Kopf) vor. Der schwächste Regressor ist X1 (Küstenkilometer). Bis auf die Konstante (p-Wert 0,261%) ist keiner der Regressoren statistisch signifikant. Das Bestimmtheitsmaß sowie das adjustierte Bestimmtheitsmaß wurden ebenfalls mit R berechnet und lauten:

$$R^2 = 0,1908$$
$$R^2_{adj} = 0,004094$$

Werte des Bestimmtheitsmaß größer als 60% gelten als sehr gut[2], Werte kleiner als 20% als schlecht. Im Beispiel hat das Bestimmtheitsmaß einen Wert von nur 19,08%, es lässt sich also nur so wenig der Varianz mit der Regressionsgeraden erklären. Wenn man berücksichtigt, dass man vier Variablen hatte, also das korrigierte R^2 betrachtet, dann ist das mit 0,4% eine ziemliche Katastrophe. Die Regression erklärt also fast nichts. Auch der F-Test, auf den hier nicht eingegangen wurde und der Aussagen darüber zulässt,wie gut die gesamte Regression ist, erzielt mit einem p-Wert von 41,48% kein statistisch signifikantes Ergebnis. Abbildung 1 zeigt die mithilfe der Regressionsgleichung geschätzten Kriteriumswerte für die einzelnen Länder und deren Abweichung zu den tatsächlichen Werten. Würde es einen perfekten Zusammenhang zwischen den Küsten-km und den Arztbesuchen geben, so gäbe es keine Vorhersagefehler und alle Punkte lägen auf der x-Achse. Die übrigen Residuenplots der ϵ und x_i sind alle im Anhang aufgeführt aber ohne Auffälligkeiten oder Muster. In Abbildung 1 liegen die Punkte weder auf, noch nah an der X-Achse. Außerdem sind die Vorhersagefehler für kleine Kriteriumswerte überwiegend negativ, während diejenigen für große Kriteriumswerte überwiegend über der x-Achse liegen. Der Wert der Residuen scheint mit Y zu steigen. Die Residuen sind also nicht zufällig verteilt (vgl. Annahme gleicher Varianz). Dies deutet auf ein Problem mit der Schätzung hin, z.B. kann es ein Anzeichen für eine vergessene (aber sinnvolle) Variable im Modell oder für einen nichtlinearen Zusammenhang sein.

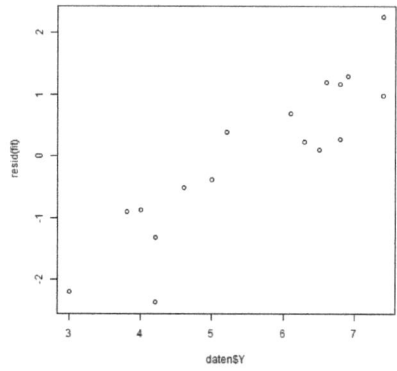

x y.png

Abbildung 1: Kriteriumsvorhersage und Schätzfehler

4 Fazit

Mithilfe der multiplen linearen Regression kann man eine abhängige Variable als lineare Funktion mehrerer unabhängiger Variablen darstellen und dadurch eine höhere Aufklärung der Varianz der abhängigen Variable finden als bei der einfachen Regression. Dies macht die Regressionsanalyse zu einem nützlichen Werkzeug bei der Untersuchung von statistischen Zusammenhängen und Kausalitäten. Ob allerdings eine Kausalität die identifizierten Korrelationen bedingt, oder ob es sich bei den Korrelationen um Zufall handelt, kann die Regressionsanalyse nicht beurteilen. Das gewählte Beispiel hat leider wie in der Mehrheit der wissenschaftlichen Forschung kein signifikantes Resultat gezeigt. Allerdings wurde an diesem sowohl der Rechenweg (vgl. Code im Anhang) als auch die Interpretation der Resultate der multiplen Regression demonstriert.

5 Literatur

[1] Prof. Dr. Ümit Şenesen. *Vorlesungsmitschrift, Statistik II, ITÜ.* Sibylle Weiss, SS 2013.

[2] Erichson B. Plinke W. Weiber R. Backhaus, K. *Multivariate Analysemethoden.* Springer, 2010.

[3] Welt in Zahlen, November 2014.

[4] Destatis, November 2014.

[5] Statista, November 2014.

6 Anhang

6.1 Beispieldaten

```
          X1     X2      X3
 [1,] 21925  52000  106.98
 [2,] 12429  30600   75.33
 [3,]  7314  37500   83.84
 [4,]  4988  42500  129.74
 [5,]  4964  20600  124.41
 [6,]  3794   9100   50.56
 [7,]  3427  27800   89.52
 [8,]  3218  35200   85.13
 [9,]  1793  14700  115.74
[10,]  1448  36500   50.56
[11,]  1126  31300   96.49
[12,]   491   8300   87.19
[13,]     0  32100  107.56
[14,]   451  33200   94.98
[15,]    66  29800   60.54
[16,]    47  15400  105.62
[17,]     0  44500   97.64
```

6.2 R-Code

```
###########################################
# Arbeitsverzeichnis setzen
setwd("C:/Users/Sibylle/Desktop/Uni/WS2014/Statistik")

# Daten einlesen, mit Einstellung von Semikolon und Komma wegen deutschem CSV
#(englisch: Komma und Punkt)
daten <- read.csv(file="Daten-Regression.csv", header=TRUE, sep=";", dec=",")

###########################################
# Multiple Regression - eingebaut
###########################################
fit <- lm(Y ~ X1 + X2 + X3, data=daten) # hier Y großgeschrieben

# Ergebnisse anzeigen
summary(fit)

###########################################
# Multiple Regression - per Hand
###########################################
# 1.) Schätzung, betahat

# Spaltenvektor y
# hier y kleingeschrieben
```

```
y <- matrix(daten$Y)
y

# Matrix X (noch ohne Spalte mit Werten 1 für Intercept in Schätzung)
tmpX <- as.matrix(daten[,c("X1","X2","X3")])
tmpX

# Matrix X, jetzt vollständig
X <- cbind(rep(1,nrow(tmpX)),tmpX)
X

# Formel: b = (X'X)^-1 X'y
betahat <- solve( t(X) %*% X ) %*% t(X) %*% y
betahat # tadaaa (: Copyright S.D.W.)

# Vergleich
summary(fit)

# Notizen
# t() = transponieren
# %*% = Matrixmultiplikation
# solve() = Inverse
# fit <- lm(y ~ X) würde auch gehen (macht aber später bei vif(fit) Probleme)


##########################################
# 2.) Hilfsgrößen, gefittete Werte, Residuen, Schätzfehler

# gefittete Werte
yhat <- X %*% betahat
yhat

# ... vergleich mit Ergebnissen aus eingebauter Regression
fitted(fit)

# Residuen
epsilonhat <- y - yhat
epsilonhat

# ... vergleich mit Ergebnisse aus eingebauter Regression
resid(fit)

# s_hat^2 = ( y - yhat )/ (n - p) mit n = 17 und p = 4
#(vier, da intercept plus drei Variablen)
s_hat2 <- crossprod(epsilonhat)/ ( 17 - 4 )
```

11

```
s_hat <- sqrt(s_hat2)
s_hat

# sigmahat^2 = ( y - yhat )/ n
sigma_hat2 <- crossprod(epsilonhat)/ 17
sigma_hat <- sqrt(sigma_hat2)
sigma_hat


##########################################
# 3.) Standardabweichung von betahat und Tests

# Standardabweichung der Schätzer (drop() notwendig damit R
# die 1x1 Matrix in Skalar umwandelt, sonst Fehlermeldung)
var_betahat = drop(s_hat2) * solve(crossprod(X))
std_betahat = sqrt(diag(var_betahat))
std_betahat


# t-Werte für Nullhypothese von betahat = 0
# (Hypothese: jeweilige Variable hat keinen statistisch signifikant von 0
# abweichenden Regressionsparameter beta)
# Rechnung: (geschätzer wert - wert bei Nullhypothese)/
# Standardabweichung von geschätztem wert
# ( betahat - 0 ) / std_betahat
twerte = ( betahat - 0 ) /std_betahat
twerte
# pwerte zu den twerten (d.h. je twert in sogenannter t-Verteilung nachschlagen)
# doppelseitiger Test (d.h. Wahrscheinlichkeit links und rechts vom Wert 0 muss
# berücksichtigt werden)
# weil t-Verteilung symmetrisch ist, geht als Rechentrick:
# Absolutwert bilden und dann in der oberen Hälfte der Verteilungsfunktion
# nachschlagen dabei Verteilungsfunktion pt(twert,freiheitsgrade) mit
# 17 Beobachtungen - 4 Parametern = 13 Freiheitsgraden dann Gegenwahrscheinlichkeit
#(Wahrscheinlichkeit noch extremerer Werte) berechnen
# und mit Faktor x2 multiplizieren, da zweiseitiger Test, also
2*(1-pt(abs(twerte),13))

#Vergleich
summary(fit)


##########################################
# 4.) R^2

#R^2 = Unerklärte Streuung^2 / Gesamte Streuung^2
```

```
# Rechenweg 1: summe( (yhat - mittelwert(y))^2 ) / summe( (y - mittelwert(y))^2 )
R2 = crossprod (yhat - mean(y)) / crossprod (y - mean(y))
R2

# Rechenweg 2: 1 - summe( (yhat - y )/n / summe( (y - mittelwert(y))^2 )/n
R2 = 1 - (crossprod (y - yhat)/17) / (crossprod (y - mean(y))/17)
R2

#Adjustiertes R^2 d.h. bereinigt um Anzahl der Parameter in Schätzung:
# 1 - summe( (yhat - y )/ (n-p-1) / summe( (y - mittelwert(y))^2 )/ (n-1)
Adj_R2 = 1 - (crossprod (y - yhat)/(17-3-1)) / (crossprod (y - mean(y))/(17-1))
Adj_R2

# Notizen
# yhat und y sind je Spaltenvektoren, daher crossprod missbraucht um ^2 und dann
# Summe zu rechnen, crossprod(A) = crossprod(A,A) = t(A) %*% A

#######################################
# Residuenplots
#######################################

png("Residuen x X1.png")
plot(resid(fit)~daten$X1)
dev.off()

png("Residuen x X2.png")
plot(resid(fit)~daten$X2)
dev.off()

png("Residuen x X3.png")
plot(resid(fit)~daten$X3)
dev.off()

png("Residuen x fitted.png")
plot(resid(fit)~fitted(fit))
dev.off()

png("Residuen x y.png")
plot(resid(fit)~daten$Y)
dev.off()

#######################################
# Check auf Multikollinearität (nicht im Essay behandelt!)
#######################################
```

```
# Korrelation unter den X (geht bereits vor Schätzung)
cor(daten[,c("X1","X2","X3")])

# VIF je Variable (mit CAR-Library)
# Einmalig: car-Package installieren (Companion to Applied Regression)
# http://cran.r-project.org/web/packages/car/index.html
install.packages("car")
library(car)
vif(fit)

# ... alternativ Berechnung per Hand
# je Hilfsregression einer Variablen auf alle anderen
# dann VIF = 1 / (1 + R^2) dieser Regression

tmpRegression <- lm(X1 ~ X2 + X3, data=daten)
1/(1-summary(tmpRegression)$r.squared )

tmpRegression <- lm(X2 ~ X1 + X3, data=daten)
1/(1-summary(tmpRegression)$r.squared )

tmpRegression <- lm(X3 ~ X1 + X2, data=daten)
1/(1-summary(tmpRegression)$r.squared )
```

6.3 R-Graphiken

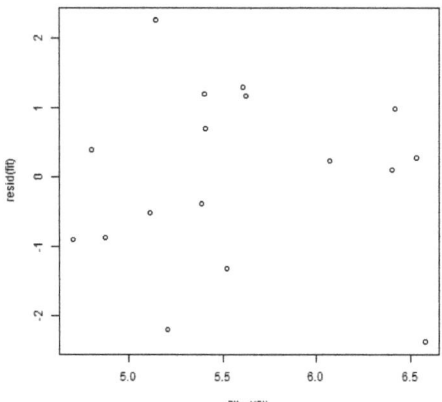

x fitted.png

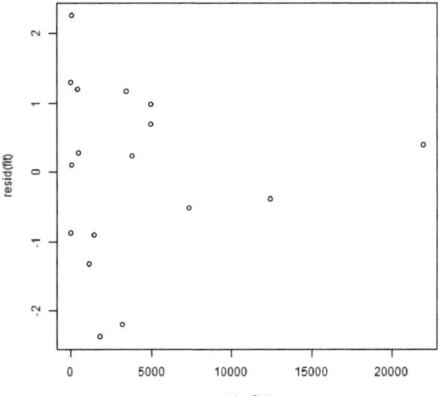

x X1.png

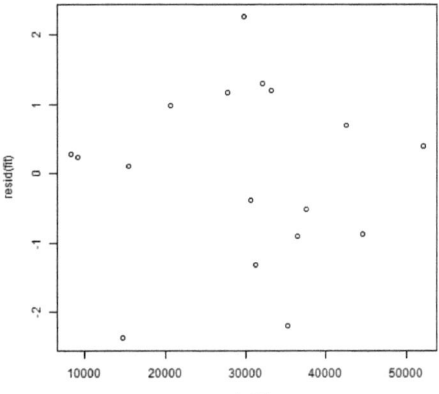

x X2.png

16

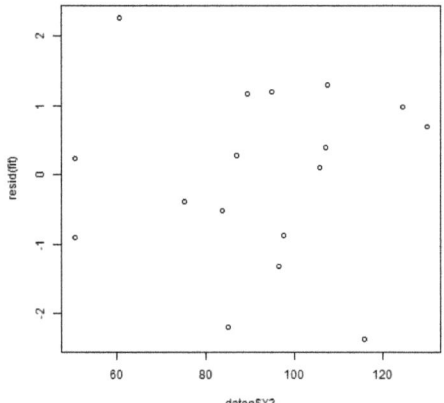

x X3.png

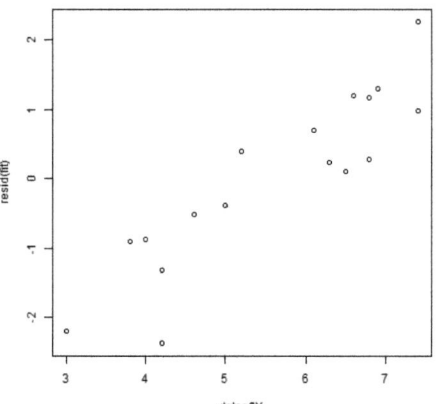

x Y.png